Claude-Louis Berthollet

Über die dephlogistisirte Salzsäure und ihre Anwendung

Claude-Louis Berthollet

Über die dephlogistisirte Salzsäure und ihre Anwendung

ISBN/EAN: 9783743685666

Hergestellt in Europa, USA, Kanada, Australien, Japan

Cover: Foto ©berggeist007 / pixelio.de

Weitere Bücher finden Sie auf **www.hansebooks.com**

Ueber die
dephlogistisirte
Salzsäure
und
ihre Anwendung
zum Bleichen
der
Leinwanden und Garne,

zu Wiederherstellung beschmuzter Kupferstiche und Bücher, zu Herausbringung der Dintenflecke, zu Vernichtung aller Farben,
und zu verschiedenen andern nützlichen Unter-
nehmungen.

Zwey Abhandlungen

in den Pariser Annalen der Chymie.

Aus dem Französischen übersetzt.

WIEN,
bei Joseph Edlen von Kurzbeck,
k. Hofbuchdrucker, Groß- und Buchhändler.
1790.

Beschreibung
des
Bleichens
der
Leinwanden und Garne,
vermittelst
der dephlogistisirten Salzsäure,
und
einiger andern Eigenschaften dieses Liquors,
im Verhältniß auf Kunsterzeugnisse.

Von
Herrn Berthollet.

(Aus dem zweiten Theil der Pariser Annalen der Chymie.)

Man hat dem **Scheele** nicht nur die Erfindung der dephlogistisirten Salzsäure, sondern auch die Entdeckung der Wirkungen, welche dieselbe auf die färbenden Theilchen der Vegetabilien hervorbringt, zu verdanken. „ In dem elastischen Zustande (sagt dieser grosse „ Chimiker) entdecken sich die Eigenschaften dieser Luftart (der dephlogistisirten Salzsäure, „ Gas) am besten. Man setzet eine gläserne „ Retorte; worein man gemeine Kochsalzsäure auf „ Braunsteinkalk gegossen hat, in ein Sandbad. „ An dieselbe leget man kleine Recipienten, die „ ohngefähr 12 Unzen Wasser fassen, an, thut „ in diese zwey Drachmen Wasser, und beses

U 2   „ stiget

„ ſtiget ſie, ſtatt alles Klebwerks, mit einem
„ Streifen grauen Papiers am Halſe der Retor-
„ te. Nach Verlauf einer halben Stunde be-
„ merket man die gelbe Luft in dem Recipien-
„ ten, welchen man wegnimmt. Wenn das
„ Papier gut angeleget worden iſt, ſo geht die
„ Luft mit Gewalt heraus; man verſchließt hier-
„ auf den Recipienten ſogleich, und ſetzt einen
„ andern hin. Auf dieſe Art kann man meh-
„ rere Recipienten mit dephlogiſtiſirter Salzſäure
„ füllen; man muß aber die Retorte ſo richten,
„ daß die Tropfen, wenn ſie bis in den Retor-
„ tenhals hinaufſteigen ſollten, wieder zurückfal-
„ len können. Ich nehme mehrere Recipienten,
„ um nicht genöthiget zu ſeyn, bei jedem Ver-
„ ſuch die nämliche Diſtillation zu wiederholen.
„ Man muß aber nicht gar zu groſſe Recipien-
„ ten nehmen, weil ſonſt ein guter Theil von
„ der Säure, ſo oft man ſie öffnet, in die
„ Luft fliegt. "

" Dasjenige, was ich von dieſer dephlo-
„ giſtiſirten Salzſäure der Unterſuchung unterzog,
„ befand ſich in dem Halſe des Recipienten,
„ den ich verſtopfet hatte. "

„ Der

" Der Stöpfel war gelb geworden, als
„ wie von Scheidewaffer.

" Das blaue Papier von Sonnenblumen-
„ kernen wurde faft weiß; alle rothe, blaue und
„ gelbe Blumen, felbft die grünen Pflanzen, wur-
„ den in kurzer Zeit gelb, und das Waffer im
„ Recipienten veränderte sich in eine reine, schwa-
„ che Kochfalzfäure. Weder alkalische noch fau-
„ re Salze konnten die Farben der Blumen
„ wieder herftellen. "

Ich wiederholte diefe Scheelifchen Ver-
fuche, und fuchte mehr Licht über die Natur der
dephlogistifirten Salzfäure und ihrer vorzüglichen
Eigenfchaften zu verbreiten.

Ich nahm wahr, daß ein Theil der Salz-
fäure den Braunfteinkalk auflöfete, und, damit die-
fe Auflöfung von Statten gehen könnte, einen
Theil des Grundftofs der Lebensluft, welche im
Ueberfluß im Braunfteinkalk enthalten ist, weg-
fchaffte; daß diefer Grundftoff, feines elaftifchen
Wefens, worinn er sich, nach dem Ausdruck des
Herrn **Prieftley** in feinem gediegenen Zuftand

be-

befand, beraubt, geschickt wurde, neue Verbindungen einzugehen, sich mit einem andern Theil
der Salzsäure vereinigte, und daß diese Verbindung den dephlogistisirten Kochsalzsäure = Gas dar-
stellte.

Ich habe diese Theorie in verschiedenen Abhandlungen, die sich in der Sammlung der Akademie von 1785 und den folgenden Jahren,
und in dem Physikalischen Journal vom Junius
und Julius 1786 befinden, weitläufig abge-
handelt. Damit aber auch diejenigen, welche sich
mit der Chimie icht eigentlich beschäftigen, im
Stande seyn mögen, nicht nur das Verfahren,
welches ich beschreiben will, selbst zu unternehmen,
sondern auch dasselbe nach Befinden abzuändern,
oder zu erweitern, so will ich einige Versuche, davon
ich sonst schon eine ausführliche Beschreibung ge-
geben habe, wiederholen, mich aber in die übrigen Theile dieser Theorie nicht einlassen, sondern
nur bei der Verfertigung der dephlogistisirten
Salzsäure, und bei der Wirkung, die sie auf
die Farbentheilchen äussert, stehen bleiben.

Nach

Nach dem **Scheele** " vereiniget ſich die
„ Kochſalzſäure, wenn ſie von dem Phlogiſton,
„ welches einer ſeiner Beſtandtheile iſt, getren=
„ net worden, nur in ſehr geringer Maſſe mit
„ dem Waſſer, und macht daſſelbe nur wenig
„ ſauer. Wahrſcheinlich begnügte er ſich, nur
das Waſſer zu unterſuchen, welches während der
Zeit des Verſuchs, mit dem Gas in unmittel=
barer Berührung geweſen war, und ſchloß dar=
aus, daß der Gas ſich ſehr wenig aufgelöſet
habe; dergeſtalt, daß es ihm vorzüglicher zu ſeyn
dünkte, dieſen Gas ſelbſt zu ſeinen Verſuchen
anzuwenden, als das Waſſer, welches nur ſehr
wenig davon geſchwängert ſeyn dürfte, und wel=
ches zugleich ein wenig gemeine Kochſalzſäure
enthalten möchte, die bei der Diſtillation her=
übergeht, wenn man nicht alle nöthige Vorſicht
braucht, um ſie in einer inzwiſchen angebrachten
Flaſche aufzufangen.

Das Erſte, was ich mir vornahm, war,
die Auflösbarkeit des dephlogiſtiſirten Salzſäure=
Gas durch das Waſſer zu unterſuchen, weil ich
mir vorſtellte, daß wenn ich eine etwas mehr
concentrirte Auflöſung deſſelben zu Wege brin=

gen könnte, ich im Stande seyn würde, mit die=
sem Liquor ungleich mehrere Versuche anzustel=
len, als mit dem blossen Gas. Ich merkte
bald, daß dieser Gas sich im Wasser viel leich=
ter und in grösserer Menge auflöste, als der
Kohlensäure = Gas, oder die fire Luft, und daß
das von demselben geschwängerte, oder saturirte
Wasser einen sehr starken Geruch, eine gelblichte
Farbe, und ganz besondere Eigenschaften annahm.
Ich hatte diese ersten Versuche so angestellt, wie
man sonst gemeiniglich das Wasser mit der Koh=
lensäure schwängert, indem ich hier das Wasser
in der Berührung mit dem Gas schüttelte; al=
lein der erstickende Dampf, den es von sich gab,
veranlaßte mich, der Methode des Herrn Woul=
fe mich zu bedienen. Ich stellte zwischen die
Retorte, und die mit dem Wasser, das von
Gas geschwängert werden sollte, gefüllten Fla=
schen, eine andere kleine Flasche, die ich mit
Eis umlegte, um den Dampf der nicht dephlo=
gistisirten Salzsäure zurückzuhalten, so wie ich
auch die mit Wasser gefüllten Flaschen mit Eis
umgab. Ich bemerkte bei diesem Verfahren,
daß sobald das Wasser mit Gas gesättiget war,

die=

dieser in einer festeren angenommenen Gestalt sich
langsam in die Tiefe des Wassers herabsenkte.

Wenn man eine Flasche, an welcher eine
verlängerte und gekrümmte Röhre ist, mit dem
mit der dephlogistisirten Salzsäure geschwänger=
tem Wasser anfüllt, dann diese Röhre unter ei=
nen mit Wasser gefüllten Recipienten tauchet,
und die Flasche an die Sonne stellet, so wird
man bald gewahr werden, daß sich kleine Blüs=
chen in der Flasche losmachen, und in den Re=
cipienten übergehen, welche aus reiner Luft, aus
Lebensluft, oder dephlogistisirtem Gas bestehen.
Wenn sich keine Bläschen mehr entwickeln, dann hat
die Flüssigkeit ihren Geruch, Farbe, und alle
ihre unterscheidenden Eigenschaften verloren; und
sie ist nun nichts weiter, als ein gemeines mit
Salzsäure geschwängertes Wasser. Bloß diese
Erfahrung kann uns hinlänglich überzeugen, daß
die dephlogistisirte Salzsäure eigentlich nichts
anders ist, als die Verbindung der Salzsäure
mit dem Grundstof der Lebensluft, welcher in
solcher Menge in dem schwarzen Braunsteinkalk
enthalten ist, daß man diesen Kalk nur einem
starken Feuer unterwerfen darf, um denselben in

grosser Menge daraus zu ziehen; und alsdann
ist er nicht mehr schickt, die dephlogistisirte
Salzsäure zu bilden, weil er eben dieses Stof=
fes, der sich mit einem Theil der Kochsalzsäure
verbinden sollte, beraubt ist.

Man muß hier bemerken, daß das Licht
die Eigenschaft hat, den Grundstoff der Lebens=
luft, welcher mit der Salzsäure verbunden war,
zu entwickeln, indem es ihm die ausdehnende
Kraft, deren es zum Theil beraubt war, mittheilet,
welches aber die bloße Wärme nicht hervorzu=
bringen im Stande ist. Es scheint, daß das
Licht sich mit diesem Stoff verbindet, und daß
man dieser Verbindung den elastischen Zustand
der Lebensluft zuschreiben müsse; diese verliert
durch das Verbrennen, das heißt, durch eine
schnelle Verbindung mit irgend einem Körper,
von neuem ihre ausdehnende Kraft, läßt die
Grundbestandtheile des Lichts entfliehen, und
zugleich sondert sich dabei viel Wärme ab, de=
ren wahre Verhältnisse gegen das Licht wir bis=
her durchaus noch nicht kennen.

Wenn

Wenn man in dephlogiſtiſirte Salzſäure vegetabiliſche Farben taucht, ſo verſchwinden ſie mehr oder weniger geſchwind, mehr oder weniger vollkommen. Befindet ſich hiebei eine Vermiſchung von verſchiedenen färbenden Theilchen, ſo verſchwinden einige derſelben leichter als andere, und man ſieht nur die Theilchen noch, welche mehr widerſtehen können, die aber dem ungeachtet mehr oder weniger Veränderung gelitten haben. Die gelben Theilchen thun gemeiniglich den längſten Widerſtand, verſchwinden aber doch endlich auch alle; und wann dann die dephlogiſtiſirte Salzſäure ihre Kraft erſchöpft hat, iſt ſie nichts weiter, als gemeine Salzſäure. Die färbenden Theilchen haben ihr alſo den Grundſtoff der Lebensluft geraubt, und durch dieſe Verbindung neue Eigenſchaften erlangt, da ſie die Eigenſchaft, Farben hervorzubringen, verloren; ich werde mich aber jetzt gar nicht mit den Eigenſchaften dieſer dephlogiſtiſirten Theilchen weiter beſchäftigen. Die Eigenſchaft der dephlogiſtiſirten Salzſäure, vermöge welcher ſie die Farben zerſtöret, hat alſo ihren Grund in dem dephlogiſtiſirten Weſen, welches nicht nur mit dieſer Salzſäure ſehr häufig verbunden iſt, ſondern ſich auch

sehr

sehr leicht davon trennen läßt, und eben so
so leicht in Verbindung mit jenen Substanzen
tritt, die einige Verwandschaft mit ihm haben.
Das Verhältniß der Farbtheilchen in der Natur,
welches in Ansehung des dephlogistisirten We-
sens, des Lichts, der alkalischen Theilchen und
übrigen Wirkungskräfte der Chimie, so verschieden ist, würde einen sehr interessanten und fast
ganz neuen Theil der Naturlehre bilden.

Nachdem ich nun die Kraft, welche die dephlogistisirte Salzsäure auf die färbenden Theilchen äussert, aufmerksam beobachtet hatte, dachte
ich, es würde dieselbe ohne Zweifel auch die
nämliche Wirkung auf jene Theilchen äussern,
welche den Leinwanden und Garnen diejenige
Farbe geben, die man durch das Bleichen
zu zerstören, oder von ihnen zu trennen zum
Zweck hat. Ich will mich hier nicht damit auf-
halten, weitläufig zu beschreiben, wie man bei
dem Bleichen gewöhnlich zu verfahren pflegt.
Es wird aber für die, welche so etwas unternehmen wollten, nicht undienlich seyn, wenn ich
eine kurze Geschichte von den unvollkommenen

Ver=

Verſuchen, mit denen ich angefangen habe, vor-
ausſchicke.

Anfänglich bediente ich mich eines ſehr concentrirten Liquors, den ich, wenn er erſchöpft
war, mit neuem erſetzte, bis mir die Garne und
Leinwanden weiß genug zu ſeyn ſchienen. Ich
merkte aber bald, daß ſie beträchtlich ſchwach geworden, und ihre Feſtigkeit ganz und gär verloren hatten. Ich ſchwächte hierauf den Liquor,
und brachte es dahin, daß ich die Leinwand,
ohne ſie zu verderben, bleichte. Allein ſie ward,
wenn man ſie aufbewahrte, bald gelb, beſon-
ders, wenn ſie warm gemacht, oder in alkani-
ſche Lauge gebracht wurde. Ich dachte nun über
die Umſtände des gewöhnlichen Bleichens nach,
und ſuchte die Verfahrungsart bei demſelben nach-
zuahmen, weil ich glaubte, die dephlogiſtiſirte
Salzſäure würde eben ſo wirken, wie das Ausbreiten der Leinwand auf den Wieſen, welches
allein nicht hinlänglich iſt, ſondern nur die färbenden Theilchen in der Leinwand fähig macht,
durch das Alkali der Lauge aufgelöſt zu werden.
Ich unterſuchte den Thau, und zwar jenen ſo-
wohl, der aus der Atmoſphäre herabkommt, als

den,

ben, der von der nächtlichen Ausdünstung der
Pflanzen seinen Ursprung hat, und bemerkte,
daß beide von dephlogistischem Wesen so stark
geschwängert waren, daß sie sogar die Farbe eines mit Sonnenblumensaft schwach gefärbten Papiers vernichteten. Vielleicht gründen sich die
alten Vourtheile von dem Maithau, in einer
Jahrszeit, wo die Ausdünstung der Pflanzen
sehr häufig ist, auf ähnliche Erfahrungen.

Ich bediente mich daher abwechselnd der
Lauge und der Kraft der dephlogistisirten Salz-
saure, und nun erhielt ich eine dauerhafte Weisse.
So wie man nun gegen das Ende des gewöhnlichen Bleichens die Leinwanden durch saure Milch
oder durch Schwefelsäure, mit sehr viel Wasser
vermischt, zuletzt durchziehen läßt, so ließ ich
auch meine Leinwanden durch eine sehr verdünnte Auflösung von Schwefelsäure (Vitriolsäure)
durchziehen, und wurde gewahr, daß die Weisse
mehr Glanz faßte.

Von der Zeit an, als ich mich der Lauge abwechselnd bediente, bemerkte ich, daß es
nicht nöthig sey, einen concentrirten Liquor zu
neh-

nehmen, und die Leinwand bei jedesmaligem Ein=
tauchen lang darinn zu laſſen; wodurch ich zu=
gleich zwey Unbequemlichkeiten beſeitigte, die das
Verfahren im Groſſen anzuwenden, würden un=
möglich gemacht haben. Die eine iſt, der er=
ſtickende Geruch des Liquors, den lange Zeit
hindurch einzuathmen ſehr beſchwerlich, ja ſelbſt
ſehr gefährlich ſeyn würde, daher er auch Ver=
ſchiedene, die ſich ſeiner bedienen wollten, von
ſeinem Gebrauch abgeſchrecket hat. Die andere
beſteht in der Gefahr, die Leinwand zu ſchwä=
chen. Ich hörte auch zu dieſer Zeit auf, Alka=
li mit der dephlogiſtiſirten Salzſäure zu vermi=
ſchen, wie ich dieß bisher bei den meiſten mei=
ner erſten Verſuche gethan hatte. (**Phyſika=
liſches Journal.** 1785.)

So weit war ich ungefähr mit meinen
Erfahrungen gekommen, als ich Verſuche in
Gegenwart des berühmten Herrn **Watt** anſtell=
te. Ein Augenblick iſt für einen Naturkundiger,
deſſen Geiſt ſich ſo lang mit den Künſten beſchäf=
tiget hat, genug. Bald darauf ſchrieb mir
Herr **Watt** aus England, daß er bei dem er=
ſten Verſuch 500 Stück Leinwand bei Herrn

Gri=

Grigor, der eine grosse Bleiche zu Glasgow hat, gebleichet habe, und daß er fortfahre, von diesem neuen Verfahren Gebrauch zu machen.

Unterdessen trat Herr Bonjour, der mir bisher in meinen Versuchen geholfen hatte, und viel Scharfsichtigkeit mit sehr ausgebreiteten Kenntnissen in der Chimie vereiniget, in Gesellschaft mit Herrn Constant, Leinwandzurichter in Valenciennes zusammen, um sich in dieser Stadt seßhaft zu machen. Dieses Vorhaben wurde durch die Vorurtheile und Eigennützigkeit der Bleicher, die über die neue Verfahrungsart eifersüchtig waren, hintertrieben. Herr Constant konnte sogar nicht einen Platz in Valenciennes finden. Allein der Graf von Bellaing unterstützte sein Unternehmen, und überließ ihm ein Grundstück, welches alle nur immer begünstigenden Bequemlichkeiten anbietet; da es aber in einer gewissen Entfernung von Valenciennes liegt, wird ihm die Entlegenheit nachtheilig seyn; wenn einst in Valenciennes ein solches Werk zu Stande kommen sollte. Herr Bonjour hatte die gegründeten Hoffnungen, welche ihm seine Kenntnisse und Fähigkeiten in Paris ver=
sicher=

ſicherten, aufgegeben; weil er in dem Unternehmen, dem er ſich gewidmet hatte, alle die Ver-
drüßlichkeiten fand, welche gemeiniglich eine neue
Verfahrungsart in Kunſtſachen zu begleiten pflegen. Er wandte ſich an das Bureau du Com-
merce, nicht um die Dienſte, die er leiſten
wollte, geltend zu machen, ſondern nur zu bit-
ten, daß man ihm, wegen des Schadens, der
ihm durch Vorurtheile und entgegenſtehende Eigennützigkeit in **Valenciennes** verurſacht worden, eine Vergütung dadurch zukommen laſſen
möchte, daß man ihm einen Umfang von 2
Stunden in der Gegend von **Valenciennes** und
Cambrai einräumte, wo er ganz allein, einige Jahre hindurch, ſeine neue Kunſt ausüben
könnte, ohne dabei im geringſten andere in der
Freiheit zu hindern, bei der alten Verfahrungsart zu bleiben, oder eine neue zu verſuchen,
ohne die dephlogiſtiſirte Salzſäure dabei zu ge-
brauchen. Er erbot ſich in ſeinem Niederlaſſungs-
ſitz, allen und jeden, denen es gefällig ſeyn
würde, Gebrauch davon zu machen, und die
die Genehmigung der Adminiſtration hätten,
Unterricht von jedem einzelnen weſentlichen Stücke
des Verfahrens zu ertheilen. Es kann ſeyn,

B   daß,

daß, wenn man seine Bitte hätte Statt finden laſſen,
ſeine Niederlaſſung zu **Valenciennes** mehr Zu=
trauen bei denen hervorgebracht hätte, die es
über ſich genommen hatten, ſolche Unternehmun=
gen zu befördern; vielleicht hätten ſie ihre an=
derweitigen Verſuche, da ſie gegenwärtig ſich mit
dieſem Unternehmen in **Coutray** niedergelaſſen
haben, aufgegeben; und vielleicht hätten ſich meh=
rere Künſtler unter der Leitung des Herrn **Bon=
jour** gebildet, und bereits ſchon mehrere der=
gleichen Werkſtätte in unſern Ländern angelegt,
dadurch aber die unfruchtbaren Verſuche beſeiti=
get, die eine nützliche Kunſt in Mißkredit zu
bringen im Staube ſind.

⁓ Nachdem ich Hoffnung hatte, daß das Un=
ternehmen auch im Groſſen gelingen werde,
ſuchte ich den Preis des Liquors dadurch zu
vermindern, daß ich das Meerſalz unter ei=
nem in der nämlichen Operation, welche zur
Bildung des Liquors diente, zerſetzte. Weil ich
aber entweder zu ſehr concentrirte Schwefelſäure
nahm, oder die Verhältniſſe der Ingredienzien
nicht recht traf, ſo bekam ich nur eine Menge
Liquor, die mich glauben machte, es ſey beſſer,

ſich

sich der Salzsäure selbst zu bedienen, und wandte
sie demnach in dem Verhältniß an, welches ich
in meinen ersten Abhandlungen angezeiget habe;
das ist, ich destillirte drey Theile concentrirte
Salzsäure mit einem Theil Braunsteinkalk.
Allein ein geschickter Chimist zu **Rouen**, Herr
Décroisille, der auch dergleichen Versuche in der
Absicht machte, eine solche Werkstatt in **Rouen**
zu errichten a), machte in den **Affichen** der
Normandie bekannt, daß er ein Mittel entdecket
habe, sich die dephlogistisirte Salzsäure um einen viel geringern Preis zu verfertigen, als ich es
durch meine angezeigte Verfahrungsart zu thun
im Stande wäre. Sogleich nahm ich meinen
ersten Versuch wieder zur Hand, und zog den
Herrn **Welter**, einen jungen und einsichtsvol-
len Chimisten mit bei, der mir zu bemerken
gab, ob es nicht vortheilhafter seyn würde, die
Schwefelsäure (Vitriolsäure) zu schwächen; und
das Verfahren glückte nach Wunsch. Ich gab
davon den Herren **Bonjour** und **Watt** Nach-
richt. Der Letztere meldete mir, daß er diese

B 2   Ver-

---

a) Ich vernehme, daß aus diesem Unternehmen nichts geworden ist.

Veränderung schon bald nach seinen ersten Versuchen vorgenommen habe. Lange Zeit darauf
beschrieb Herr **Chaptal** das nämliche Verfah=
ren, in einer Abhandlung, die er an die Akade=
mie der Wissenschaften übersandte. Allein Herr
Watt hatte diese Veränderung nicht allein
angebracht. Er hatte auch noch ein Gefäß,
dessen Verfertigung ich nicht weiß, der **Woul=
fischen** Vorrichtung, deren ich mich bediente,
beigesellet. Bevor aber noch Herr **Watt** mit
mir von dieser seiner Zubereitungsart sprach,
hatte Herr **Welter** eine andere erfunden, die
nicht nur zur Verfertigung der dephlogistisirten
Salzsäure sehr dienlich ist, sondern auch zu sehr
viel andern chimischen Arbeiten angewendet wer=
den kann, und deren Zusammensetzung ich hier,
mit einigen Veränderungen, die Herr **Molar**
sehr vortheilhaft angebracht hat, ausführlich an=
zeigen will. Die noch genauere Bestimmung fin=
det man auf dem Kupferstiche und in der Er=
klärung desselben am Ende dieses Bandes.

Der Zweck dieser besondern Vorrichtung ist
die Vermehrung der Oberflächen, vermöge deren
der Gas in Berührung mit dem Wasser ist,

weil

weil die Verbindung nur in dem Punkte der
Berührung erfolgen kann; der Gas also, der
sich in dem untern Raum, wohin er zuerst ge-
leitet wurde, nicht hat vereinigen können, geht
in das Gefäß, welches drüber ist, durch eine
Röhre hinüber, welche dazu angebracht ist, ihm
den Durchgang zu verschaffen.

Das Gefäß, welches sich in der Mitte
zwischen der pneumatischen Wanne und dem Distillirkolben befindet, dient, den Theil der Salzsäure zurückzuhalten, der nicht dephlogistisirt ist.
Man thut in dieses Gefäß ein wenig Wasser,
worein man eine gläserne Röhre tauchet, welche
etwas höher seyn muß, als die Wassersäule,
die der Gas in der Wanne zu überwinden hat.
Der Gas, welcher aus dem Kolben kommt,
drückt auf das Wasser, das sich in dem Gefäß
befindet, mit einer Kraft, die der gleich ist,
welche sich seiner Absonderung widersetzet; so daß
das Wasser in die Sicherheitsröhre steigt, und
daselbst eine Säule bildet, die derjenigen Wassersäule gleich ist, die auf die Röhre, durch
welche der Gas in die Wanne kommt, drücket.
Wenn aber während der Operation eine plötzli-

che

che Abkühlung geschieht, so tritt das Wasser wieder in die Röhre zurück, und die atmosphä= rische Luft dringt wieder ein, und verhindert, daß keine Leere entstehe, die das Wiedereinschlu= cken des Liquors veursachen, und das Distillir= gefäß zerbrechen würde. Eben diese Sicherheits= röhre, deren Erfindung man gleichfalls dem sinn= reichen Herrn Welter zu danken hat, läßt sich auch mit Nutzen bei allen Luftdistillationen anwen= den, wie man davon ein Beispiel auf dem Ku= pferstich sehen kann.

Wenn man guten Braunsteinkalk hat, der in kleine Cristallen gebildet ist, und wenig fremde Materie enthält; so sind, dünkt mich, folgende Verhältnisse der Substanzen, die in Distillation gebracht werden sollen, die zuträglichsten.

Sechs Unzen in Pulver gestoßenen Braun= steinkalk.

Ein Pfund Meer = oder Kochsalz, gleichfalls pulverisirt.

Zwöf Unzen Schwefelsäure, oder concen= trirte Vitriolsäure.

Acht bis zehn Unzen Wasser.

Wenn

Wenn der Braunsteinkalk erdigte Theile, oder fremde metallische Substanzen enthält, so muß man von demselben, nach Maaß seiner Unreinigkeit, mehr nehmen. Man merkt nach der Operation, ob man ihn in hinlänglicher Menge genommen, wenn etwas übrig bleibt, welches nicht ganz zersetzet worden, und die schwarze Farbe behalten hat. Man bestimmt also aus dieser ersten Beobachtung die erfoderliche Menge, welche man für die folgenden Versuche nehmen muß.

Wenn der Braunsteinkalk mit Kalkspath vermischt ist, welches man an dem Aufbrausen gewahr wird, das sogleich erfolgt, als man ein wenig Schwefel = oder Vitriolsäure daran gießt, so ist nöthig, denselben vor der Operation mit etwas verdünnter Vitriolsäure zu waschen, um die kalkartigen Theile, die durch ihr Aufbrausen viel Verwirrung verursachen würden, vorher davon zu scheiden; worauf man diesen Kalk trocken werden läßt a).

B 4   Man

―――――――――――――――――――――――

a) Es hat mir geschienen, daß wenn der Braunsteinkalk viel phlogistischen Gas enthält, er dann weniger geschickt ist, dephlogistisirte Salzsäure zu bilden.

Man muß mehr oder weniger Waſſer neh-
nien, nicht nur nach dem Grad der Concentration der Vitriolſäure, ſondern auch nach der Menge der Materie, die man diſtilliren will. Wenn
die Menge beträchtlich iſt, muß die Säure mehr
verdünnet ſeyn, als im gegenſeitigen Falle. Es
würde vortheilhafter ſeyn, ſich einer weniger concentrirten Säure zu bedienen, indem durch die
Operation der Concentrirung ihr Preis erhöhet
wird, und man alſo dann doch genöthiget iſt,
Waſſer dazu zu thun; allein in dieſem Falle müß-
te der Ort, wo man ſie verfertigte, in der Nä-
he ſeyn, weil, wenn die **Transportkoſten**
beträchtlich ſind, die Concentration eine Wirth-
ſchaft ſeyn würde.

Wenn die Materiallen zubereitet ſind, muß
man den Braunſteinkalk ſorgfältig mit dem Meerſalz vermiſchen, dieſe Miſchung in das in ein
Sandbad geſtellte Diſtillirgefäß bringen, und auf
dieſelbe die Vitriolſäure, welche man vorher verdünnet, und ſodann von der durch die Vermiſchung mit dem Waſſer erzeugten Wärme hat ab-
kühlen laſſen, aufgießen. Hierauf ſetzt man an
die Oefnung des Diſtillirglaſes geſchwind die Röhre,

re an, welche den Gas in das Zwischengefäß leiten soll. Nur ist hiebei nicht zu vergessen, daß das Klebwerk bei dieser Operation eine ganz besondere Aufmerksamkeit erfordert.

Die Verhältnisse der Gefässe müssen folgende seyn: Das Distillirgefäß habe ohngefähr ein Drittel leeren Raum; die Wanne enthalte zu der angegebenen Quantität 100 Pinten (Maaß) Wasser, und habe dabei noch einen leeren Raum, der 10 Pinten fassen könnte; weil das Wasser, wenn der Gas in die Behältnisse, die selben auffassen sollen, aufsteigt, nothwendig einen freien Raum haben muß, sich hinauf zu erheben.

Ehe man die Operation selbst anfängt, muß man die pneumatische Wanne mit Wasser füllen. Sobald die Mischung geschehen ist, fängt der Gas, der sich sogleich losmacht, an, die in der Vorrichtung befindliche atmosphärische Luft zu vertreiben; wenn man also glaubt, daß die atmosphärische Luft in die kleine Wanne gekommen sey, führet man sie durch Hülfe der gekrümmten Röhre, welche man wechselsweise unter jede kleine Wanne bringt, heraus, und um

B 5   das

das in diese Röhre eingedrungene Waſſer weg-
zuſchaffen, bläſt man mit einiger Gewalt hinein.
Nun ſetzt man die Operation ohne Feuer fort,
bis man merket, daß die Blaſen ſeltner werden,
worauf man ein wenig Feuer gibt; welches man
aber nicht im Anfang ſtark, ſondern nur nach und
nach vermehren muß, bis das Waſſer am Ende der
Operation zum Sieden kommt. Man merkt,
daß man zum Ende der Operation gelanget iſt,
wenn die Röhre, durch welche der Gas ſich abſondert, und das Zwiſchengefäß warm werden.
Wenn ſich der Gas nur noch in kleiner Menge
abſondert, ſo läſt man mit dem Feuer nach,
wartet, bis das Diſtillirgefäß faſt keine Wärme
mehr hat, um das Klebwerk abzunehmen, gießt
ſodann ein wenig warmes Waſſer zu, damit
das Uebrige aufgelöſt bleibe, und deſto leichter
wegzubringen ſey; und ſchüttet endlich dieſes Ue-
berbleibſel in ein Gefäß, um es zu demjenigen
Gebrauch, den ich melden werde, aufzubewahren.
Die ganze Operation währet, nach dem Maſſe
der Materie, die man diſtilliret, länger oder kürzer. Mit der oben beſchriebenen Quantität muß
ſie 5 bis 6 Stunden dauern. Es iſt gut, wenn
man nicht zu ſehr eilet, weil man mehr Gas

gewinnet. Ein einziger Mensch kann mehrere Vor-
richtungen besorgen, denen man noch viel grössere
Verhältnisse, als die, welche hier angegeben
worden, geben kann.

Das Zwischengefäß wird nach und nach
mit einem Liquor angefüllt, der reine aber schwache Salzsäure ist. Man kann jedoch mehrere
Operationen hinter einander vornehmen, ohne daß
man nöthig hat, ihn herauszunehmen. Glaubt
man aber, daß nicht genug leerer Raum mehr
übrig sey, so zieht man ihn, vermittelst eines
Hebers, heraus, und wenn man eine genugsame
Menge beisammen hat, kann man dieselbe bei
der Vermischung der Vitriolsäure und des Koch=
salzes zu einer ähnlichen Operation brauchen,
wofern man sie zu nichts anderm zu nutzen weiß.
Damit aber die nicht dephlogistisirte Salzsäure
nur in ganz geringer Quantität übergehe, muß
die erste Röhre einen rechten, oder wohl noch
grössern Winkel mit dem Körper des Distillir=
kolbens machen.

Während der Operation muß man von
Zeit zu Zeit, um die Absonderung des Gas in

dem

dem Waſſer zu befördern, den Quirl umrühren.
Wenn aber die Abſonderung völlig geſchehen iſt,
ſo hat der Liquor die gehörige Stärke zum Bleichen.
Man kann auch weniger Waſſer in die Wan=
ne thun, und hernach den Liquor mit demſelben,
in den bereits angezeigten Verhältniſſen, ver=
dünnen.

Ob nun gleich der Liquor in dieſem con=
centrirten Zuſtande einen ſehr lebhaften Geruch
bekommt, ſo iſt er dem ungeachtet für die, wel=
che ſich ſeiner bedienen, weder ſchädlich, noch
unangenehm. Jedoch iſt rathſam, ihn durch
hölzerne Kanäle, welche man an die am untern
Ende der Wanne befindliche Pipe anbringt, in die
Kufen, darein man die Leinwand geleget hat,
zu leiten.

Es iſt rathſam, den Liquor, ſobald er fer=
tig iſt, aus der Wanne zu nehmen, weil er
ſtark auf das Holz wirket, wodurch daſſelbe
nicht nur geſchwächet, ſondern auch die Verderb=
niß der ganzen Wanne beſchleuniget werden wür=
de. Findet er aber Leinwand in einer Kufe,
ſo benimmt ihm dieſe ſeine Kraft geſchwinde,

daß

daß er nicht merklich auf das Holz wirken
kann.

Die Leinwand selbst wird zu der Operation auf folgende Art zubereitet: Man läßt sie
vier und zwanzig Stunden in Wasser, oder noch
besser in alter Lauge weichen, die Zurichtung oder
den Schlicht herauszubringen; worauf man sie ein
oder zweymal in gute Lauge legt, weil alles
das, was man durch die Lauge herausbringen
kann, einen guten Theil des Liquors, auf dessen Ersparung hier so viel ankommt, schlech-
terdings vernichtet haben würde. Hierauf wäscht
man die Leinwand recht gut aus, und legt sie
so in die Kufen, daß sie von dem Liquor, den
man darüber hinfließen läßt, recht eingeschwän-
gert werden könne, ohne daß ein Theil derselben
gedruckt, oder zu sehr zusammen gezwänget werde. Die Kufen, so wie die Wanne müssen ohne alles Eisen verfertiget seyn, weil die dephlogistisirte Salzsäure dieses Metall in Kalk verwan-
delt, wodurch Rostflecke in die Leinwand gebracht
werden würden, die man nur mit Sauerampfer-
salz wieder herausbringen könnte.

Das

Das erste Eintauchen der Leinwanden muß länger dauern, als die folgenden; man kann sie 3 Stunden weichen laſſen. Hierauf nimmt man ſie heraus, wäſcht ſie mit Lauge aus, und legt ſie wieder in eine Kufe, um von neuen friſchen Liquor darüber fließen zu laſſen. Es iſt genug, wenn ſie in dieſer und in den folgenden Eintauchungen eine halbe Stunde bleibt. Man nimmt die Leinwand jedesmal wieder heraus, wäſcht ſie mit Lauge aus, und taucht ſie wieder ein. Derſelbige nämliche Liquor läßt ſich ſo lange brauchen, bis ſeine Kraft gänzlich erſchöpfet iſt; merkt man, daß er ſchwach wird, ſo kann man etwas friſchen hinzuthun.

Wenn die Leinwand nun weiß erſcheint, auſſer einigen ſchwarzen Fäden und den Saumenden, ſo beſtreicht man ſie mit ſchwarzer Seife, und reibt ſie recht ſtark, giebt ſie ſodann in die letzte Lauge, und endlich in die letzte Einweichung.

Man kann zwar die Anzahl der Laugenwäſchen und der Eintauchungen in den Liquor nicht genau beſtimmen, weil in dieſem Fall die

na=

natürliche Beschaffenheit der Leinwand Veränderungen verursachen kann; unterdessen sind die Grän-
zen dieser Anzahl zwischen vier und acht für
Leinwanden von Flachs und Hanf.

Ich kann keine Anweisung über die beste
Art Lauge zu machen geben; diese nützliche Kunst
ist bis jetzt noch der blossen Uebung ohne Grund-
sätze überlassen, und die Verfertigungsart derselben ist nach den verschiedenen Gegenden auch
verschieden. Ich will nur anmerken, daß es mir
sehr vortheilhaft scheint, das Alkali durch den
Zusatz von einem Drittel lebendigen Kalk ätzend
zu machen; allein alsdann muß man Sorge tragen, daß die Lauge durch ein leinenes Tuch
durchlaufe, damit die Kalkerde sich nicht mit der
Leinwand vermische, weil die kleinen festen Kalk-
theilchen, welche der Lauge beigemischt seyn könnten, die Leinwand durch ihre Härte aufreiben
würden. Durch dieses Mittel wird die Lauge
kräftiger gemacht, und man braucht daher keine
gar zu grosse Menge Alkali. Die Leinwand
wird auch dadurch, wenn die Lauge nur nicht
gar zu stark ist, auf keine Weise verderbet, so
allgemein auch das gegenseitige Vorurtheil immer

seyn

seyn mag. Ich habe auch gefunden, daß es unnütz, ja wohl gar schädlich wäre, wenn das
Einweichen in die Lauge zu lange dauern sollte,
dagegen aber muß die Lauge sehr warm und stark
genug seyn, sonst färben sich die durch die dephlogistisirte Salzsäure gebleichten Leinwanden,
und werden wieder schmutzig, wenn man sie in
eine neue Lauge bringt. Dieser Zufall hat sich
bei denjenigen Versuchen ereignet, die ich jetzt
erzählen will.

Herr **Caillau** hatte in Paris eine große
Menge Versuche im Kleinen über die neue Bleichart angestellet; allein die meisten dieser Versuche
waren mit Baumwolle gemacht, die viel leichter zu bleichen ist, und wozu man nicht so viel
und starke Lauge nöthig hat, als zu Leinwanden von Flachs und Hanf. Er begab sich nach
St. Quentin, um Versuche mit dasigen Leinwanden zu machen; allein er fand, daß alle Leinwanden, die er zur größten Zufriedenheit aller
Kunstverständigen gebleichet hatte, einen Schmutz
annahmen, so bald man sie in gewöhnliche Lauge brachte, oder einige Zeit in einem Gewölbe
liegen ließ.

Dem

Dem Herrn **Décrotsille** begegnete daßsel=
be zu **Rouen** mit den von ihm gebleichten
Leinwanden; und endlich bemerkte ich den näm=
lichen Fehler an den Muftern, die ich in mei=
nem Laboratorio gebleichet hatte. Unterdeffen
behaupteten Herr **Bonjour** zu **Valenciennes**
und Herr **Welter** zu **Lille**, daß die Lein=
wanden und Garne, die sie gebleicht hätten,
ihre Weisse unter allen möglichen Versuchen, die
man mit ihnen anstellen wollte, behielten. Ich
ward bald überzeugt, daß an der Unvollkommen=
heit meiner Bleiche nichts anders Schuld sey,
als die Art des Einsaugens, deren ich mich be=
diente. Bei meinen Versuchen im Kleinen, die
ich im Laboratorio vornahm, hatte ich weiter
nichts gethan, als die Potaschenauflösung in ein
Gefäß, darin die Mufterproben lagen, gegof=
fen. Sie wurde da geschwind kalt, und wirkte
nicht gehörig. Seit dem ich aber diese Mufter=
proben in den Liquor that, und diesen in einer
nahe an das Sieden gränzenden Wärme zwey
bis drey Stunden hindurch unterhielt, waren
meine Mufter nicht mehr dieser Ungelegenheit aus=
gesetzt. Es war also bloß die Schwäche der
Lauge an den Zufällen Schuld, die uns, näm=

C   lich

lich den Herren **Caillau, Décroisille,** und
mir begegneten. Die Leinwanden müssen also
bei dem letzten Laugegeben ihre Farbe nicht
mehr verändern, und dieß ist die sicherste An=
zeige, daß das Bleichen vollkommen ist. Unter=
dessen ist auch nach diesem letzten Eintauchen gut,
wenn man die Leinwand noch einige Augenblicke
in den Liquor leget.

Nach dieser letzten Eintauchung muß man
die Leinwand in saure Milch, oder in Wasser,
das mit Vitriolsäure etwas säuerlich gemacht wor=
den ist, tauchen. Ich weiß zwar das schicklich=
ste Verhältniß dieser Vitriolsäure nicht ganz ge=
nau anzugeben, allein es ist mir vorgekommen,
daß man mit Nutzen und ohne Gefahr einen
Theil von dieser Vitriolsäure zu 50 Theilen
Wasser, dem Gewicht nach, nehmen könnte.
Die Leinwand muß man ungefähr eine halbe
Stunde in diesem laulichten Wasser lassen; sie
hierauf stark ausdrücken, und sogleich in ordinä=
res Wasser tauchen, weil sonst, wenn eine Aus=
dünstung geschähe, die concentrirte Vitriolsäure
sie angreifen würde. Wenn die Leinwanden gut
gewaschen sind, ist weiter nichts nöthig, als
daß

daß sie getrocknet, und auf die gewöhnliche Weise, nach ihren verschiedenen Gattungen zugerichtet werden. a)

Man muß sehr wohl Acht geben, daß das
Wasser nicht mit zu viel Vitriolsäure beladen
werde. Ich schreibe dem Mangel dieser Achtsam-
keit einen Zufall zu, der dem Herrn **Bonjour**
begegnet ist. Man hatte ihm Leinwanden zugeschickt, um von der Güte der Bleiche einen Be-
weis zu haben. Er unternahm zwey Operazionen. Die eine mit den feinsten Leinwanden,
als Schleier und Battist; die andere mit den
gröberen Sorten. Das Bleichen der ersteren
gieng vollkommen glücklich von Statten. Weil
aber der Mensch, der das Wasser säuern sollte,
zu einem kleinen Theil Leinwand eben die Do-
sis der Vitriolsäure genommen hatte, die man
sonst zu einer viel größern Menge zu nehmen
pflegt, so wurden die Leinwanden sehr geschwächet.

C 2

a) Ich habe gefunden, daß einer von den Vortheilen der
   Vitriolsäure, die man nach dem Bleichen der Leinwanden angewendet hat, darinn besteht, daß dieser Liquor
   einen Theil von dem Eisen, welches sie enthalten,
   wegnimmt.

chet. Dieser Zufall war ihm ein ganzes Jahr hindurch, bei keiner Operazion, die er unternommen, begegnet.

Das Bleichen der Baumwollenwaaren ist viel leichter und kürzer. Zwey oder dreymal Lauge geben, und sie eben so oft in den Liquor eintauchen, ist genug. Und eben weil diese Waaren so leicht weiß werden, ist es vortheilhaft, wenn man zu gleicher Zeit Leinwand von Flachs oder Hanf und Baumwollenwaaren zu bleichen hat, die schon durch die Flachs- und Hanfleinwanden geschwächten Liquors für die baumwollenen aufzuheben; denn es ist von Beträchtlichkeit, die Kraft dieses Liquors so sehr zu erschöpfen, als es nur möglich ist, und wenn er recht sehr geschwächt ist, ist er immer noch stark genug für die Baumwolle, ob er gleich auf Hanf und Flachs fast gar keine Kraft mehr äussert.

Schon bei dem gewöhnlichen Bleichen finden sich mehr Schwierigkeiten in Ansehung der Garne als der Leinwanden, und dieß wegen der viel häsigeren Oberflächen, die die ersteren haben, welche der Wirkung der Atmosphäre nach

und

und nach ausgesetzet werden müssen. Auch bei
dem Bleichen mit der dephlogistisirten Salzsäure
äussert sich ein Theil dieser Schwierigkeiten. Je=
doch findet sich endlich, wenn man alles gegen
einander hält, mehr Vortheil bei dem Bleichen
der Garne als bei dem der Leinwanden. Herr
Welter hat in **Lille** mit zwey Kompagnons
eine Zwirn = und Garnbleiche mit gutem Fort=
gang angelegt, und hat bereis schon ein paar
andere wieder angefangen. Er hat gefunden,
daß einige Gattungen von Garn zehn auch zwölf=
maliges Einläugen und eben so viel Einlegungen
in den Liquor erfordern. Damit die Garne vom
Liquor ganz umgeben werden mögen, muß man
sie, doch ohne sie zu drücken, in einen Korb le=
gen, wobei der Liquor in die ganze Oberfläche
bequem eindringen kann. Wenn er auch sehr
abgeschwächet worden, kann er gleichwohl noch
sehr gut zum Baumwollenbleichen gebrauchet wer=
den.

Ich hatte beim Anfange meiner Versuche
die Probe gemacht, ob der Dampf der dephlogistisirten Salzsäure nicht dem Liquor derselben
vorzuziehen seyn möchte; und hatte auch wirklich

funden, daß er geschwinder bleichte. Allein so
viel ich auch in der Folge Vorsichtigkeit anwand,
ist mir doch immer vorgekommen, daß man mit
demselben beträchtlichen Schaden leiden würde. Die
ihm am meisten ausgesetzten Theile würden Gefahr leiden, geschwächt zu werden, und es würde
viel schwerer fallen, eine gleiche Weisse zu erhalten.

Um allen Zufällen vorzubeugen, die sich ereignen
könnten, wenn der Liquor gar zu viel Stärke hätte,
wird es dienlich seyn, ein Mittel zu wissen, wodurch
man seine Stärke messen kann. Herr **Décrol-**
sille hat die Erfindung gemacht, sich hiezu der
Indigoauflösung in der Schwefelsäure zu bedienen. Man nimmt einen Theil fein zerriebenen
Indigo mit acht Theilen concentrirter Schwefelsäure; setzt diese Mischung in einen Distillirkolben, hält sie einige Stunden hindurch im Ma-
rienbade (in warmen Wasser), und verdünnet
sie, wenn die Auflösung geschehen ist, mit tau-
send Theilen Wassers. Um nun die Stärke der
dephlogistisirten Salzsäure zu untersuchen, bringt
man ein bestimmtes Maaß von dieser Auflösung
in eine mit Graden bezeichnete gläserne Röhre
und

und gießt von dem Liquor so lang und so viel
dazu, bis die Farbe des Indigo zerstöret ist.
Man muß aber bemerken, wie viel von einem
Liquor, dessen Güte man durch unmittelbare Erfahrung an der Leinwand erprobet hat, nöthig
ist, um eine gewisse Maaß der Indigosolution
zu zernichten, und diese Zahl dienet, die verhältnißmässige Kraft aller Liquors, die man mit
ihnen zu vergleichen hat, gehörig zu bestimmen.
Herr **Watt** hat sich auf ähnliche Art der Co-
chenille bedienet.

Gleich im Anfange meiner Versuche bat
man mich, nach **Javelle** zu kommen, um
dort die Art, wie man die dephlogistisirte Salzsäure bereiten müsse, zu zeigen, und wie man
sich ihrer beim Bleichen zu bedienen habe. Ich
machte gar keine Schwierigkeit, die Verfahrungsart zu zeigen, weil mein Wunsch war, daß sie
gemeiner werden möchte, und gieng folglich zweymal selbst nach **Javelle.** Ich verrichtete die Distillazion der dephlogistisirten Salzsäure in Gefäs-
sen, die ich selbst mitbrachte, und bleichte einige
Musterproben von Leinwand. Damals brauchte
ich noch den concentrirten Liquor und vermischte

ihn mit ein wenig Alkali. Einige Zeit darauf machten die Manufakturanten von **Javelle** in verschiedenen Journalen bekannt, daß sie einen besondern Liquor entdekt hätten, den sie die **Lauge von Javelle** nannten, und der die Kraft habe, die Leinwanden durch eine einzige Eintauchung von einigen Stunden weiß zu machen. Die Veränderung, die sie in dem Verfahren, welches ich in ihrer Gegenwart unternahm, gemacht hatten, bestand darin, daß sie in das Wasser, welches den Gas aufnimmt, Alkali thaten, wodurch sich der Liquor vielmehr concentirt, so daß man ihn sodann, wenn man ihn braucht, mit viel mehr Theilen des Wassers verdünnen kann. Hier sind die Verhältnisse, nach denen ich einen Liquor erhalten habe, der der vorgegebenen Lauge von **Javelle** gleich ist. Zwey und eine halbe Unze Salz, 2 Unzen Schwefelsäure, 6 Drachmen Braunsteinkalk, und in der Flasche, worinn sich der Gas concentriren soll, I Pfund Wasser und 5 Unzen Potasche, die man darinnen sich auflösen lassen muß. Der Liquor von **Javelle** hat ein röthlichtes Auge, welches von ein wenig Braunsteinkalk herkommt, und welches entweder in der Distillazion übergeht, weil man sich keines Zwischengefaß-

gefäſſes bedienet, oder weil die meiſte Potaſche et=
was dergleichen enthält, wie ich davon verſichert
bin. Dieſer Liquor kann mit 10 bis 12 Theilen
Waſſers verdünnet werden, und dem ungeachtet
macht er viel geſchwinder weiß, als der einfache
Liquor. Allein, ohne von den Unvollkommenhei=
ten der Methode, die in der **Javelliſchen** An=
kündigung beſchrieben iſt, zu reden, und die nur
für Baumwolle anwendbar iſt, kann man mit dephlo=
giſtiſirter Salzſäure, die auf die beſchriebene Art mit
Alkali vereiniget iſt, nur eine ſehr unbeträchtliche
Menge Leinwand bleichen, im Vergleich der viel
gröſſern Quantität, die man mit dephlogiſtiſir=
ter Salzſäure, mit bloſſem Waſſer verbunden,
zu bleichen im Stande iſt, weil ſich ein Theil
von jenem Mittelſalz bildet, welches gegenwär=
tig unter den Namen **Bertholletiſcher Sal-
peter** bekannt iſt, und in welchem ſich der
Grundſtoff der Lebensluft concentriret. Allein
der ganze Grundſtoff, welcher in die Zuſammen=
ſetzung dieſes Salzes eintritt, wird zum Blei=
chen unnütz. Denn der **Bertholletiſche** Sal-
peter zerſtört die Farben nicht; wie ich dieß in
meiner Abhandlung über einige Verbindungen
der dephlogiſtiſirten Salzſäure angezeigt habe,

E 5

worinnen ich von denen Erscheinungen, welche
die Potasche mit der dephlogistisirten Salzsäure
hervorbringt, ausführlich zu handeln Gelegenheit
nahm. (*Memoires de l' acad. de Turin.*)
Man füge zu diesen Betrachtungen noch die Er=
höhung des Preises, der aus der Menge Po=
tasche, worein man den Gas aufnimmt, ent=
stehen muß, hinzu. Und dem ungeachtet hat ei=
ner von den alten Unternehmern zu Javelle
um ein ausschliessendes Privilegium für diese
neue Verfahrungsart von seiner Er=
findung Ansuchung gethan.

Ich hoffe, daß die ausführliche Beschrei=
bung, welche ich hier gemacht habe, denjenigen
werde zu einer Leitung dienen können, die die
neue Bleichart versuchen wollten. Fernere Be=
obachtungen werden uns ohne Zweifel
Mittel an die Hand geben, sie weiter zu ver=
vollkommenen, und ich werde alles, was in die=
sem Betracht zu meiner Wissenschaft kommen
wird, dem Publikum mittheilen. So gibt es
zum Beispiel einen beträchtlichen Theil, über
den ich noch nichts besonders sagen kann; dieß
ist nämlich die Art, wie man das mineralische
Lau=

Laugenſalz aus den Ueberbleibſeln von den Di-
ſtillationen herausziehen könne, welche ich zu dieſem Zweck in ein beſonderes Gefäß zuſammen zu
ſammeln, die Vorſchrift ertheilet habe. Ich habe mit dieſen Ueberbleibſeln einen Verſuch ange-
ſtellt, den mir Herr Morveau mitgetheilet
hat, und der ſeine Erfindung iſt, und habe das
Laugenſalz wirklich herausgezogen. Herr Morveau hat auf mein' Anſuchen die Gütigkeit gehabt, ebenfalls Verſuche mit dieſen Ueberbleibſeln anzuſtellen, und nach ſeinen erſten Bemerkungen ſchließt er, daß die Vortheile, welche
man daraus würde ſchöpfen können, beinahe alle Unkoſten der dephlogiſtiſirten Salzſäure bede-
cken dürften, ſo daß dieſer Liquor faſt gar nichts
koſten, und alſo nur die Unkoſten für die Lauge übrig bleiben würden. Ich kenne mehrere
Verfahrungsarten, dieſen Zweck zu erreichen; allein ich darf davon nichts ſagen, weil mir dieß
als ein Geheimniß iſt anvertrauet worden.

Wenn die Bereitung der Vitriolſäure mit
dem Bleichverfahren vereiniget würde, ſo müß-
te eben dieſe Subſtanz, welche den größten Theil
des Werths dieſes Liquors ausmacht, zu einem

viel

viel geringeren Preife herunter fallen, als man
ihn jetzt verkauft, befonders wenn man die Ko-
ften der Concentration erfparte. Man hat Hoff=
nung, die Zubereitung diefer Säure, durch die
Unterdrückung des Salpeters und den verminder=
ten Verluft der Dämpfe dereinft zu gröfferer
Vollkommenheit gebracht zu fehen. (*Encyclop.
méthod. p.* 357.) Diefe Wiedervereinigung
würde nothwendig feyn, um den Preis des Li=
quors ganz auf nichts herabzufetzen.

Endlich würde man auch die Kunft, Lauge
zu verfertigen durch Hülfe von Mafchinen ver=
vollkommnen können, und wenn die Kraft des Al=
kali, weil es gefättigt ift, entweder durch die aus=
gezogene Materie, oder durch die Farbetheilchen
erfchöpft ift, fo würde man, wenigftens an
folchen Orten, wo brennbare Materialien nicht
zu theuer find, fie bis zur Trockenheit ausdün=
ften, und dem Alkali durch die Verkalkung der
beigemifchten Materien feine Wirkfamkeit wie=
der geben.

Wenn nun gegenwärtig die Parifermaaß
von der dephlogiftifirten Salzfäure, in jenen
Pro=

Provinzen, die vom Salzzoll frey sind, beinahe auf 3 Denar zu stehen kommt, so zeigt sich
die neue Bleichungsart, selbst in Ansehung der
direkten Ausgaben, wenn sie wohl eingerichtet
sind, schon sehr vortheilhaft; und man kann hof-
fen, daß sie noch viel vortheilhafter werden wird,
wenn man sich der wirthschaftlichen Einrichtung
bedienet, die ich angezeiget habe. So lange aber
der Liquor immer noch einen gewissen Preis
haben wird, wird doch immer eine grosse Un-
gleichheit der Kosten, zum Vortheil der feinen
Leinwanden, statt finden, weil diese, bei gleicher Oberfläche viel weniger Masse haben, und
und also viel leichter weiß werden; so daß eine
Elle feine Leinwand viel weniger Liquor braucht,
als eine grobe, und ein Pfund feine Leinwand
fodert viel weniger, als ein Pfund grobe.

Damit man sich nun also die Vortheile
dieser Verfahrungsart zu Nutze machen könne,
muß man sie in einem Lande einführen, das
Salzzollfreiheit genießt, da leicht einzusehen ist,
daß die dephlogistisirte Salzsäure sehr kostbar
wird,

wird, wenn das Salz nicht in niedrigem Preiße steht. a)

Man muß aber die Vortheile, welche die neue Bleichungsart, genau gegen die gewöhnliche alte verglichen, gewähret, nicht allein in den dabei verminderten Kosten setzen; sie leistet noch andere, die im Stande wären, einen viel höheren Betrag zu überwiegen. Die Leinwanden und Garne, welche an manchen Orten mehrere Monate nöthig haben, um weiß zu werden, können hier, selbst in einer größern Werkstatt, gar leicht in 5 bis 6 Tagen gebleichet seyn; denn wenn

a) Das Bureau d'encouragement zu Rouen hat den Vorschlag gemacht, zu dem Salz, welches um einen niedrigern Preis zu dem Bleichen geliefert werden soll, ein Pfund Eisenvitriol auf den Centner gerechnet, hinzuzumischen. Durch diese Vermischung nimmt das Salz eine Farbe an, dadurch man es leichter unterscheiden kann, und einen Geschmack, der verhindert, daß kein betrügerischer Gebrauch davon gemacht werden kann. Die Mittel, dadurch man die Reinheit des Salzes herstellen könnte, sind zu kostbar, daß Mißbräuche zu besorgen wären. Man könnte gewisse Aufseher und andere Sicherheitsmittel damit verbinden, die keine gegründete Furcht des Betrugs übrig lassen würden.

wenn man nur mit einigen wenigen Stücken zu
thun. hat, so kann man leicht in zwey oder drey
Tagen fertig werden. Man kann im Winter
so gut als im Sommer nach dieser neuen Bleichart verfahren, nur daß das Trocknen im Winter etwas mehr Zeit fodert.

Der Landmann, dessen Familie sich in
müssigen Stunden mit der Spinnerei beschäftigt,
muß eine günstige Zeit erwarten, um seine Garne und Leinwanden, oft weit weg, auf die
Bleiche schicken zu können. Wenn ihn nun unterdessen nöthige Ausgaben drücken, sieht er sich
gezwungen, sie an die Unterhändler mit Verlust
zu verkaufen, welche dann seiner Bedürfniß noch
eine Abgabe auflegen. Werden aber genug Werk-
stätte zur Verfertigung der dephlogistisirten Salzsäure vorhanden seyn, so wird jeder, der ein
Stück Leinwand gewebt fertig hat, sich dasselbe
selbst bleichen können, und so die ganze Frucht
seiner Arbeit, bis sie aus seinen Händen geht,
geniessen.

Der Handelsmann kann zu einer dem gewöhnlichen Bleichen ungünstigen Jahreszeit seine
                                                    Ver-

Verbindlichkeiten nur auf eine sehr beschwerliche
Art in Erfüllung bringen; er ist genöthiget, be-
trächtliche Kapitalien anzulegen, um seine Ma-
gazine in der Jahreszeit anzufüllen, da gewöhn-
licher Weise gebleichet werden kann. Oft findet er sich in der Unmöglichkeit, sich in glückliche Spekulazionen einzulassen, und von jenen
günstigen Gelegenheiten, die sich unerwartet in
einem Augenblick anbieten, Nutzen zu ziehen,
weil zu viel Zeit erfoderlich wäre, die Leinwanden, die er braucht, bleichen zu lassen. Der
die Leinwand braucht, wird auch seinen Vortheil
finden, weil nicht allein, bei genauer Untersu-
chung, einige Verminderung des Preises der Lein-
wande und Zwirne erfolgen muß; sondern weil
auch die neue Bleichart, wenn gehörig dabei
verfahren wird, die wesentliche Festigkeit des
Flachses und Hanfes viel weniger angreift und
vermindert, als die langwierigen und so oft wie-
derholten Operazionen bei dem gewöhnlichen
Bleichen. Es scheint sogar, nach den Erfahrungen des Herrn Décroisille, daß die be-
phlogistisirte Salzsäure, indem sie die Poros der
Baumwolle zusammenzieht, ihr mehrere Festig-

keit

keit gibt, und zugleich die Eigenschaft mittheilt, viel lebhaftere Farben anzunehmen.

Daß die Leinwanden weniger zugerichtet sind, ist in den Augen der Kaufleute ein Anstoß gewesen, weil sie nicht so fein zu seyn scheinen, als Leinwanden von eben der Beschaffenheit, die nach der gewöhnlichen Art gebleichet werden. Herr Bonjour sahe sich sogar genöthiget, Mittel aufzusuchen, um die von ihm in seiner Werkstatt gebleichten Leinwanden eigends zuzurichten. Man wird leicht einsehen, daß es eben keine gar grosse Schwierigkeit hat, dergleichen Mittel ausfindig zu machen; allein die, welche darüber weggehen, werden an der Dauerhaftigkeit der Leinwand gewinnen.

Und jene weitläuftigen Wiesen, die, als die fruchtbarsten Ländereien, den Leinwanden, die man die schönste Jahreszeit hindurch darauf ausbreitet, gewidmet sind, werde ich nicht diese für den Feldbau gewinnen, für welchen ihre Erzeugnisse, dem größten Theil nach, verloren gewesen sind?

D   Irre

Irre ich mich nicht, so verdient die jetzt beschriebene Verfahrungsart vor jenen, welche bloß zu Fortschritten in Kunsterzeugnissen einen Beitrag machen, einen ausgezeichneten Vorzug. Sie verdient eine ganz besondere Empfehlung bei denen, welche über die öffentliche Wohlfarth Sorge tragen, weil sie, nebst den Vortheilen für den Handel, zur Belebung der Felder, die die erste Quelle unserer Reichthümer sind, und die so viel Recht haben, uns zur Verwendung für sie aufzumuntern, unmittelbar beizutragen im Stande sind.

Ich wende mich jetzt zur Beschreibung noch eines und des andern Gebrauchs, den man von der dephlogistisirten Salzsäure machen kann. Es scheint, daß sie sich mit gutem Erfolg anwenden läßt, den Grund der mit Krapp gefärbten Leinwanden wegzubringen. Wenn man diese Leinwanden mit verschiedenen Modeln gedruckt hat, zieht man sie durch die Krappfarbe, worinnen die Zeichnungen verschiedene Schatticungen nach der Natur der Modeln annehmen; allein der Grund dieser Leinwanden nimmt auch die Farbe des Krapps an. Diese Farbe des Grundes ist aber bei weitem
nicht

nicht so dauerhaft als die, welche durch die Modeln
aufgedruckt ist, und man kann sie nicht anders,
als vermittelst Kuhmist und Kleyen und durch lang-
wieriges Ausbreiten auf Wiesen zerstören. Ich
versuchte, statt dieser Mittel, die dephlogistisirte Salzsäure zu brauchen, bemerkte aber, daß auch die Farben, welche bleiben sollten, sehr starck verän-
dert waren. Herr **Heinrich**, ein gelehrter Chimist zu **Manchester**, brachte durch Versuche
heraus, daß die luftvolle Potasche oder Sode
diese böse Wirkung des Liquors verhinderte,
und bediente sich derselben von der Zeit an mit
gutem Erfolg; ich weiß aber die genaueren Um-
stände seines Verfahrens nicht. Herr **Décroisille** schrieb mir fast zu gleicher Zeit, daß er dieselbe Beobachtung gemacht habe, und ich bestät-
tigte dieß so gleich, indem ich eben so verfuhr, wie
ich oben, bei Gelegenheit der Lauge von **Javelle**, gesagt habe; indem ich den Liquor, den man
bekommt, mit sehr viel Wasser verdünnte. Herr
Oberkampf, dem ich hievon Meldung machte, und welcher alles Mögliche thut, um seine
schöne Manufaktur zu **Jouy** vollkommen zu
machen, säumte nicht, Versuche anzufangen, die
er nun mit Herrn **Royer** fortsetzt, und die einen

er-

erwünschten Fortgang in Ansehung der Farben
versprechen, bei welchen daß Eisen noch nicht an=
gewandt ist; denn solche werden geschwächet; die
rothen hingegen bekommen mehr Glanz als bei
dem gewöhnlichen Verfahren. Allein, was ich
von dieser Kunst weiß, ist noch nicht zu einer sol=
chen Vollkommenheit gediehen, daß ich eine ge=
naue Beschreibung davon liefern könnte.

Bei den Versuchen zu JOUY waren die Ko=
sten viel beträchtlicher, als die bei dem gewöhnli=
chen Verfahren zu seyn pflegen, wegen des hohen
Preises des Salzes, und dieß ist eine neue Unbe=
quemlichkeit für die gemalten Leinwanden, die
in einem mit der Salzsteuer belegten Lande ange=
leget werden. a)

Es

____

a) Aus dem, was ich von Herrn **Tagkos,** berühmten Ma-
nufakturisten zu **Manchester,** vernehme, wo man dergleichen neue Einrichtungen angeleget hat, scheint, daß
es nicht allemal nöthig ist, Alkali zu der dephlogistisirten Salzsäure zu thun, und daß die Farben, wozu
Eisen kommt, nicht allemal geschwächt werden. Wahr-
scheinlich rühren diese verschiedenen Wirkungen von den
mannigfaltigen Verfahrungsarten her, deren man sich
beim Leinwandbrucken bedienet.

Es wird wahrscheinlicher Weise viel wichtiger für das Verfahren beim Leinwandfärben, als beim Bleichen seyn, die verhältnißmässige Kraft des Liquors bestimmen zu können; allein die Indigo-Auflösung wird man zu diesem Zweck nicht brauchen können, weil sie sich nur sehr unvollkommen durch eine Mischung mit Alkali entfärbt, nach der Beobachtung, die mir Herr Watt mitgetheilet hat, da im Gegentheil die Cochenilleauflösung hier vollkommen Genüge leistet.

Die Herren Heinrich und Décroisille haben auch bemerkt, daß man den aus dephlogistisirter Salzsäure und Alkali zusammengesezten Liquor mit Nutzen brauchen könnte, der Baumwolle, die man mit Roth von Adrianopel gefärbet hat, eine lebhafte Farbe zu geben.

Ich habe gezeigt, daß man vermittelst der dephlogistisirten Salzsäure das vegetabilische grüne Wachs färben kann, ich habe ihm aber nicht eine solche Weisse geben können, als das gewöhnliche Wachs annimmt. Es behielt nur eine gelbe Farbe und näherte sich, in Ansehung der übrigen Eigenschaften, dem gewöhnlichen Wachse. Ich habe

-be auch erwiesen, daß man das gelbe Wachs auf
diese Art bleichen kann, allein ich mußte dieses
Wachs wieder schmelzen und die Operazion öfters
wiederholen, um es recht weiß zu machen; daher ich glaubte, es würden die Kosten zu beträchtlich seyn, diese Verfahrungsart statt jener,
deren man sich gewöhnlich bedienet, einzuführen.
Der Herr Ritter **Landriani** hat mir geschrie-
ben, daß der Herr Baron von **BORN** erwiesen
habe, das gelbe Wachs lasse sich sehr gut bleichen,
wenn man es dem Dampf der dephlogistisirten
Salzsäure aussetze, und daß er entschlossen sey, selbst
eine solche Bleichanstalt zu errichten. Hierbei
verursachte der Dampf nicht jene Unbequemlichkeiten, von welchen ich in Ansehung der Leinwanden geredet habe, und es würde mir gar nicht
wunderbar vorkommen, wenn man sich dieser
Verfahrungsart mit Erfolg bediente.

Man hat im ersten Band der Annalen ge-
sehen, daß Herr **Chaptal** eine glückliche Anwendung von der dephlogistisirten Salzsäure gemacht hat, alle Kupferstiche und verdorbene Bücher wieder herzustellen. *

Ich

---

*) S. den hier folgenden Auszug dieser Abhandlung.

Ich habe in meinen ersten Abhandlungen
angezeigt, daß man sich dieses Liquors bedienen
könnte, die Dauerhaftigkeit der Farben zu unter=
suchen, und zu entdecken, was für allmälige Zer=
störungen derselben in gewissen Zeiträumen nach
und nach erfolgen möchten. Eine grosse Anzahl
von Versuchen haben mich von dieser seiner Eigen=
schaft überzeugt, und ich habe bis jezt nur eine ge=
ringe Anzahl Ausnahmen angetroffen. Ich glau=
be auch, daß man sich nicht irren wird, wenn
man in denselben Liquor, um zum Gegenstand der
Vergleichung zu dienen, ein Muster von derselben
Farbe legen wollte, von deren Güte man über=
zeugt seyn will.

Herr **Haussmann** von **Colmar** hat er=
wiesen, wie ich es vom Herrn Baron von Die=
trich weiß, daß man, vermittelst der dephlogisti=
sirten Salzsäure, jede Farbe eines Tuches zerstö=
ren kann, wenn man es hierauf durch eine leichte Vi=
triolsäure = Auflösung gehen läßt, um die metalli=
schen Theilchen aufzulösen, die sich in mehreren
Farbenmaterialien befinden. Man muß unterdes=
sen bemerken, und dieß ist eine Eigenschaft, die
man benutzen kann, daß die dephlogistisirte Salz=

äure die animalischen Substanzen gelb färbet, wie
man es in der Folge meiner Erfahrungen über die
Schwefelsäure, die in diesen Band eingerückt ist,
sehen wird. Ich bin deshalben geneigt zu glau=
ben, daß die Verfahrungsart des Herrn HAUSS=
MANN vornemlich auf die vegetabilischen Sub=
stanzen anwendbar ist.

Auszug
einer
Abhandlung des Hrn. Chaptal
über
einige Eigenschaften
der
dephlogistisirten Salzsäure
der k. Akademie der Wissenschaften zu Paris vorgelegt
durch
die Herrn Lavoisier und Berthollet.

(Aus dem ersten Theile der chymischen Abhandlungen von Paris.)

Die Akademie hat uns, dem Herrn Lavoisier und mir, aufgetragen, ihr Bericht abzustatten, von einer Abhandlung des Herrn Chaptal, die den Titel hat: Bemerkungen über die dephlogistisirte Salzsäure, und welche ihr von der Akademie zu Montpellier zugeschickt worden, um unter den Abhandlungen von 1787 gedruckt zu werden.

Diese Abhandlung enthält verschiedene neue und nützliche Anwendungen der dephlogistisirten Salzsäure.

Lumpen von dicker und schlechter Leinwand, deren man sich in den Papiermühlen bedienet, um Löschpapier daraus zu machen, sind in diesem Liquor weiß geworden, und haben sich sodann zu einem

nem

nem sehr schönen Papier machen lassen. Herr **Chaptal** hat die Vermehrung des Werths bei diesem Erzeugniß auf 25 Prozente gerechnet, da die Kosten der Operazion hochgeschätzt, sich nicht höher als auf 7 Prozent belaufen würden.

Herr **Chaptal** hat die nämliche Eigenschaft der dephlogistisirten Salzsäure angewandt, um Kupferstiche, die so verdorben waren, daß man Mühe hatte, die Zeichnung derselben zu erkennen, völlig wieder herzustellen. Sie sind durch dieses Mittel, auf eine bewunderungswürdige Weise, so schön wieder zurecht gebracht worden, daß sie ganz neu schienen; und was eben so wichtig ist, so können alte Bücher, die von jenem gelben Schmuß, den die Länge der Zeit ansetzt, verunstaltet sind, so gut wieder hergestellet werden, daß man glauben sollte, sie kämen erst aus der Presse.

Die einfache Eintauchung in dephlogistisirte Salzsäure, worinn man sie länger oder kürzer liegen läßt, je nachdem der Liquor stärker oder schwächer ist, reicht zu, einen Kupferstich weiß zu machen; allein in Ansehung der Bücher muß man andere Maaßregeln anwenden. Herr **Chaptal** hat dieß auf verschiedene Weise ins Werk gerichtet; ich werde aber hier nur die vortheilhafteste Art anführen. Er hat einen Rahmen von Holz von angemessener Höhe verfertigen lassen, und nachdem er das Buch aufgetrennt, und die Blätter von einander abgesondert hatte, legte er sie zwischen sehr dünne Späne,

ne, welche durch die Rahmen gehalten wurden,
und nur einen Zwischenraum von 2 Linien hinein,
in jeden dieser Zwischenräume legte er 2 Blätter;
und befestigte sie mit zwei kleinen hölzernen Kette,
die er zwischen die Spähne einschlug, und dadurch
die Blätter gegen die nämlichen Spähne preßte.
Hierauf leitete er den Liquor hinein, und nach 2
oder 3 Stunden hob er den Rahmen mit den Blättern
heraus, und tauchte die Blätter in kaltes Wasser.

Durch dieses Verfahren werden die Bücher
nicht nur völlig wieder hergestellt, sondern das
Papier erhält eben dadurch auch einen solchen Grad
der Weiße, als es vorher nicht gehabt hatte. Dieser Liquor hat auch noch den herrlichen Nutzen,
daß er die Dintenflecke, welche so oft Bücher und
Kupferstiche verunstalten, hinwegnimmt; doch greift
er Oel= und Fettflecke nicht an; man weiß aber
schon seit langer Zeit, daß eine schwache ätzende
Potaschenauflösung ein sicheres Mittel ist, sie wegzubringen.

Der Verfasser beschreibt hierauf jene Versuche, welche er angestellt hat, um Leinwanden, vermöge des dephlogistisirten Salzsäure's Gas zu bleichen; wir glauben aber versichern zu können, daß
dieses Mittel, vermöge der von uns seit langer
Zeit angestellten Versuche, bei weitem nicht so
nützbar ist, als die dephlogistisirte Salzsäure, wenn
sie, mit Wasser vereiniget, in einen Liquor ver-
wandelt wird. Wir wissen, daß dabei viele Säure

re verloren geht, und daß die Leinwanden der Ge=
fahr ausgeſetzet ſind, verdorben, und ungleich ge=
gebleichet zu werden. Ueberdieß würden die Lein=
wanden, wenn man nicht abwechſelnd Lauge und
dephlogiſtiſirte Salzſäure brauchte, wieder ſchmu=
tzig werden, ſobald man ſie in Lauge brächte.

Herr **Chaptal** liefert noch einige andere
Beobachtungen; wir begnügen uns aber, nur zwei
derſelben anzuführen, die uns neuer und wichtiger
als die übrigen geſchienen haben.

1) Wenn man in die Atmoſphäre des de=
phlogiſtiſirten Salzſäure = Gas Eſſigſäure ſetzet,
ſo nimmt dieſelbe in kurzer Zeit einen der Sau=
erampferſäure ähnlichen Geruch an; und er=
langt dadurch die Eigenſchaft, das Kupfer
aufzulöſen, und Kupfer = Criſtallen zu bilden.;
doch fehlt dieſer Säure die angegebene Eigenſchaft,
wenn ſie vom Dephlogiſtiſirten nicht beladen iſt.

2) Das Kupfer, wenn man es dem Dampf
der dephlogiſtiſirten Salzſäure ausſetzet, wird mit
einer kalkichten Rinde bedeckt, die man leicht ablö=
ſen kann. Dieſer Kalk läßt ſich in Eſſigſäure auf=
löſen, und zu Criſtallen bilden. Man kann ihn
in allen Fällen brauchen, wo man ſich des **Grün=
ſpans** bedienet. Die Farbe iſt ein wenig grüner,
als diejenige, welche der **Grünſpan** in den Ge=
wölben zu haben pflegt. Wenn aber dieſer letztere
völlig ausgetrocknet worden iſt, nähern ſich die Far=
ben, und ſind wenig von einander unterſchieden.

Erklärung
der zur Verfertigung der dephlogistisirten Salzsäure nöthigen gesammten Vorrichtung.

Fig. I. Ansicht dieser Vorrichtung wenn sie zum Gebrauch fertig aufgerichtet steht.

Es stellet diese Vorrichtung einen gewöhnlichen Reverberirofen A B C D vor, der in D verschiedene Oefnungen f in seinem Umfang hat, die ihm statt Luftzüge dienen. In der Mitte steht auf einem Sandbad Bb ein Distillirkolben Cc, dessen Hals über den Ofen mitten durch die Oefnung D hervorgeht, die man mit Thonerde zukleben. Das äusserste Ende des Halses vom Distillirkolben F ist mit einem Korkstöpsel G zugemacht, durch welchen mitten durch eine Röhre H geht, die die Gemeinschaft mit dem Innern des Distillirkolbens B und dem Zwischengefässe K unterhält, wo sie ebenfalls durch einen Korkstöpsel I geht, der eine von den drey Oefnungen dieses Gefässes verschliesset. Die Korkstöpsel G I müssen vorher mit der grössten Genauigkeit auf sede der äusseren Endungen der Kommunikazionsröhre H passend zubereitet werden, so daß man sie sogleich, als die Mischung im Distillirkolben geschehen ist, ansetzen kann.

Das Zwischengefäß K enthält ohngefähr den achten Theil seines Raums mit Wasser angefüllt. In dieses ist eine Sicherheitsröhre L eingetaucht, um die Zerspringung zu verhindern. Diese Röhre muß doch genug fern, damit das Gewicht des Wassers, welches durch den Druck des Gas hineingetrieben wird, groß genug sey, um das Gas in die pneumatische Wanne N O P durch die Kommunikazionsröhre M, die bis auf den Grund der Wanne geht, hinübertreiben zu können. Diese Kommunikazionsröhre krümmt sich in der Wanne horizontal, damit das Gas unter der ersten der drey hölzernen oder irdenen Kufen, von denen im Inneren der Wanne eine über die andere gestellet ist, seinen Ausgang finde.

O ist eine Kurbel, vermittelst deren man einen Quirl E umrühret; durch dessen Bewegung die Verbindung des Gas mit dem Wasser befördert wird. P ist ein Schlauch, um den Liquor abzuleiten.

Fig. II. Ansicht des obern Theils der pneumatischen Wanne.

Q R S T sind vier Dauben, die dicker als die übrigen sind, und inwendig hervorragen. Sie sind eingekerbt und halten die äussern Ende der beiden hölzernen Strangen U V, an welchen sede der Kufen X befestiget sind.

Fig. III. Ansicht des Inneren der pneumatischen Wanne, nach dem mitteren Durchschnitt.

Jede Kufe X ist so gebaut, daß sie das Gas, so wie es in y aus der Kommunikazionsröhre M herausgeht, fassen kann. Von diesem Gas bildet sich demnach zuerst eine Lage unter der ersten Kufe, die sich so lange anhäuft, bis sie durch den Trichter Z unter die zweyte und endlich unter die dritte Kufe hinaufsteigt. Die Oeffnung, durch welche der Quirl E mitten durch sede Kufe X hindurch geht, hat die Gestalt eines Trichters, um das Gas zu verhindern, daß es nicht längst des Quirls davon geben kann. Der Quirl besteht aus drey Querhölzern p, die in dem Keil und Zinken q befestiget sind; r s stellt eines von diesen Hölzern in der horizontalen Lage vor.

Die gekrümmte Röhre t v dienet, die atmosphärische Luft, die sich unter jeder Kufe befindet, abzuleiten, wenn man die pneumatische Wanne mit Wasser angefüllet hat. Um von dieser Röhre Gebrauch zu machen, steckt man den gekrümmten Theil derselben unter sede Kufe, wie man in t siehe; hierauf bläst man durch das äussere Ende v hinein, um das Wasser aus dem Inneren der Röhre t v herauszutreiben, und so geht die unter der Kufe enthaltene Luft leicht heraus.

Fig. IV. Stellt die Vorrichtung zur Verfertigung der ordinären Salzsäure vor, die aber nicht hieher gehöret.

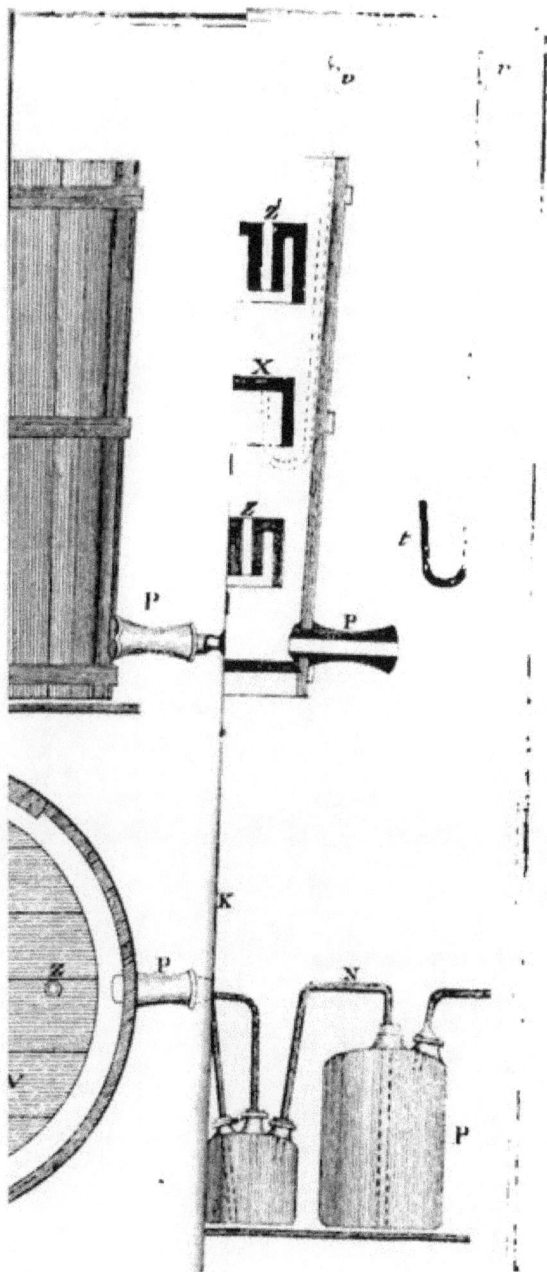